建筑业农民工入场安全知识必读

建设部安全生产管理委员会办公室 编
建设部工程质量安全监督与行业发展司

中国建筑工业出版社

建筑业农民工入场安全知识必读

建设部安全生产管理委员会办公室 编
建设部工程质量安全监督与行业发展司

*

中国建筑工业出版社出版、发行（北京西郊百万庄）

各地新华书店、建筑书店经销
北京天成排版公司制版
天津翔远印刷有限公司印刷

*

开本：850×1168毫米 横1/64 印张：1⅝ 字数：37千字
2007年12月第一版 2023年11月第三十二次印刷
定价：**2.00**元
ISBN 978-7-112-09694-7
(16358)

版权所有 翻印必究
如有印装质量问题，可寄本社退换
(邮政编码 100037)

图书在版编目（CIP）数据

建筑业农民工入场安全知识必读 / 建设部安全生产
管理委员会办公室，建设部工程质量安全监督与行业
发展司编 .—北京：中国建筑工业出版社，2007（2023.11重印）
ISBN 978-7-112-09694-7

Ⅰ.建… Ⅱ.①建…②建… Ⅲ.建筑工程—工程施工
—安全技术 Ⅳ.TU714

中国版本图书馆CIP数据核字(2007)第181823号

  本书为建筑业农民工入场安全知识普及读本，共分四部分：第一部分介绍农民工的权利义务和进入现场必须掌握的安全基本知识；第二部分重点介绍施工现场各工序中存在的主要危险；第三部分为相关法律法规摘录；第四部分为施工现场常见的警示标志牌和应急电话。本书内容实用，图文并茂，通俗易懂，携带方便，是建筑业农民工入场安全知识普及教育的好助手。

责任编辑：刘　江　岳建光
责任设计：孙　梅
责任校对：王　爽

前 言

亲爱的农民兄弟:

你们好! 欢迎加入建筑大军的行列。为了祖国的建设,你们离开家乡,奔赴祖国的四面八方,在建筑施工现场辛勤劳作,在这里向您道一声: 辛苦了!

建筑业是我国国民经济的重要支柱产业之一,也是一个危险性较大的行业,施工现场存在着很多不确定的危险因素。为了帮助您了解掌握基本的安全知识,做到既不伤害自己,也不伤害他人,同时还能不被他人伤害,我们编写了这本图文并茂、简单易懂的小册子。

本手册第一部分介绍了您享有的权利、应尽的义务和进入施工现场必须遵守的规定;第二部分重点介绍了施工现场各工序中存在的主要危险;第三部分为我国法律法规中保护您的合法权益的相关规定的摘录,方便您了解和阅读;最后,我们将施工现场常见的警示标志牌和紧急情况下会用到的电话号码收集起来,编辑到这本手册里。另外,在本书每页的下端,我们还收集了部分有关安全生产的格言警句,希望能对保障您的安全有所帮助。

目 录

一、进入施工现场必须掌握的安全基本知识 ············· 1
(一) 您的权利义务 ······································· 3
(二) 应该遵守哪些规定 ·································· 5
(三) 如何做一个文明工人 ······························ 12
二、施工现场注意事项 ····································· 13
(一) 土方作业主要存在哪些危险 ····················· 14
(二) 主体结构施工主要存在哪些危险 ··············· 24
(1) 钢筋作业主要有哪些危险? ······················· 25
(2) 模板施工主要存在哪些危险? ···················· 31
(3) 混凝土作业主要存在哪些危险? ················· 37
(4) 脚手架作业主要存在哪些危险? ················· 40
(5) 机械设备使用时主要存在哪些危险? ··········· 47

目 录

　　(三) 装修作业主要存在哪些危险 ·················53
　　(四) 材料码放区主要存在哪些危险 ·················68
　　(五) 生活区主要存在哪些危险 ·················73
三、相关法律法规摘录 ·················79
四、常见的安全警示标志牌、应急电话 ·················95
　　(一) 常见的警示标志牌 ·················96
　　(二) 必须记住的应急电话 ·················97

一、进入施工现场必须掌握的安全基本知识

(一)您的权利义务

您享有哪些权利和义务?
1) 从业人员有获得签订劳动合同的权利;也有履行劳动合同的义务。
2) 有接受安全生产教育和培训的权利;也有掌握本职工作所需要的安全生产知识的义务。
3) 有获得符合国家标准的劳动防护用品的权利;也有正确佩戴和使用劳动防护用品的义务。
4) 有了解施工现场及工作岗位存在的危险因素、防范措施及施工应急措施的权利;也有相互关心、帮助他人了解安全生产状况的义务。
5) 有对安全生产工作的建议权;也有尊重、听从他人相关安全生产合理建议的义务。

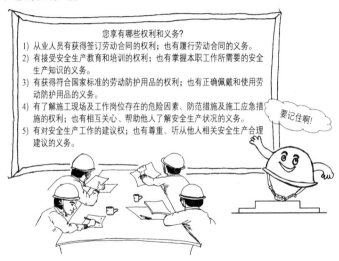

要记住啊!

劳动创造财富　安全带来幸福

您享有哪些权利和义务?

6) 有对安全生产工作提出批评、检举、控告的权利;也有接受管理人员及相关部门真诚批评、善意劝告、合理处分的义务。
7) 有对违章指挥和强令冒险作业的拒绝权;也有遵章守纪、不违章作业、服从正确管理的义务。
8) 在施工中发生危及人身安全的紧急情况时,有权立即停止作业或者在采取必要的应急措施后撤离危险区域;也有及时向本单位或项目部安全生产管理人员或主要负责人报告的义务。
9) 发生事故时,有获得及时救治、工伤保险的权利;也有反思事故教训、提高安全意识的义务。

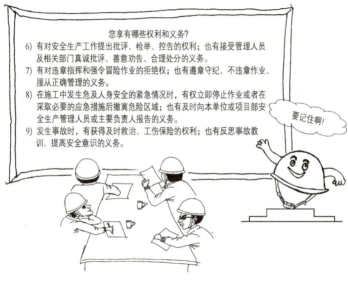

一、进入施工现场必须掌握的安全基本知识

（二）应该遵守哪些规定

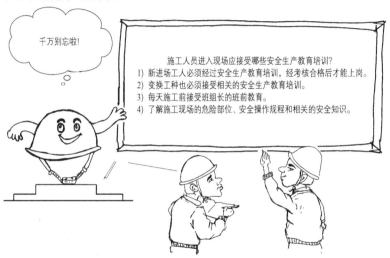

千万别忘啦!

施工人员进入现场应接受哪些安全生产教育培训?
1) 新进场工人必须经过安全生产教育培训，经考核合格后才能上岗。
2) 变换工种也必须接受相关的安全生产教育培训。
3) 每天施工前接受班组长的班前教育。
4) 了解施工现场的危险部位、安全操作规程和相关的安全知识。

安全多下及时雨　教育少放马后炮

建筑业农民工入场安全知识必读

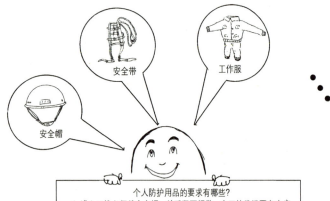

个人防护用品的要求有哪些?
1) 进入工地必须戴安全帽,并系紧下颌带;女工的发辫要盘在安全帽内。
2) 在2米以上(含2米)的高处作业,应有可靠的安全防护,无法采取安全防护的情况下,必须系好安全带。
3) 作业时应穿"三紧"(袖口紧、下摆紧、裤脚紧)工作服。
4) 防护用具要经常检查,发现损坏及时更换或送修。

秤砣不大压千金　安全帽小救人命

一、进入施工现场必须掌握的安全基本知识

有些危险的岗位,作业人员必须持特种作业操作证方可上岗!

哪些人员必须持特种作业操作证才能上岗作业?
工地电工、电气焊工、登高架设作业人员、起重指挥信号工、起重机械安装拆卸工、爆破作业人员、塔式起重机司机、施工电梯司机、厂内机动车辆驾驶人员等。

一人把关一处安 众人把关稳如山

一、进入施工现场必须掌握的安全基本知识

作业人员在接受交底后,必须明确自己的安全责任,并在交底书上签上自己的姓名。

安全知识让你化险为夷

一、进入施工现场必须掌握的安全基本知识

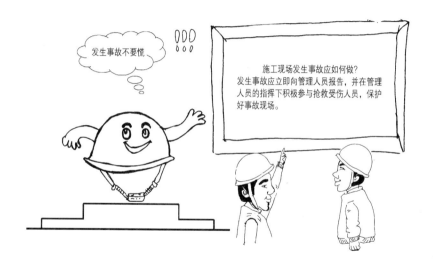

步步小心　平安是金

(三) 如何做一个文明工人

施工人员应具备哪些文明行为？
1) 进入工地着装整洁，必须佩戴工作卡。
2) 吸烟应在指定"吸烟点"。
3) 要做到工完料净场地清，不能随意抛撒物料。
4) 在工地禁止嬉闹及酒后作业。
5) 不得随地大小便。
6) 严禁焚烧各类废弃物。
7) 严禁穿高跟鞋、硬底鞋、拖鞋及赤脚、光背进入工地。

要做一名文明的建筑工人！

自我防范铺下通天路　安全生产架起幸福桥

二、施工现场注意事项

（一）土方作业主要存在哪些危险

智者，教训面前查己之短
愚者，面对血训不以为然

- 机械伤害
- 土方坍塌
- 中毒
- 触电

二、施工现场注意事项

挖土机械作业半径范围内严禁站人。

疏忽一时酿祸害　痛苦一生追悔迟

建筑业农民工入场安全知识必读

机械或人工挖土时为防止坍塌，不要掏挖；同时人工挖沟槽时，深度超过1.5米必须按规定放坡或设支护。

二、施工现场注意事项

施工过程中随时观察边坡、土壁变化情况,如发现有裂纹或部分土方坍塌现象,必须立即停止作业,及时报告项目负责人。

事故教训是镜子　安全经验是明灯

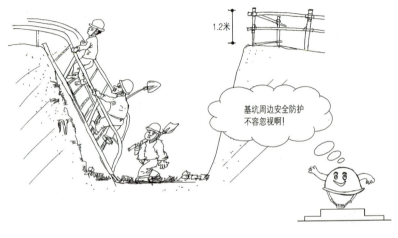

作业人员上下基坑时必须走马道或搭好的梯子。

宁走千步远　不走一步险

二、施工现场注意事项

基坑安全防范小提醒:
1) 基坑周边 1 米内严禁堆土、堆放物料。
2) 不得向基坑内扔材料和其他物品,运送时应采用溜槽或吊运。
3) 基坑边使用推车倒土时要有挡车措施,防止人、车坠落基坑内。

细小的漏洞不补 事故的洪流难堵

井深超过5米时,每班下孔前必须进行15分钟的通风,清理有害气体;井深超过15米时必须随时送风。

二、施工现场注意事项

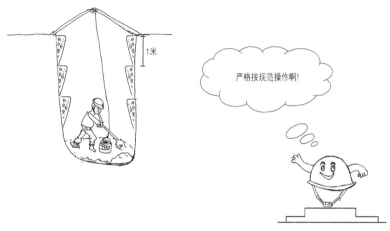

人工挖孔桩必须采用混凝土护壁，其护壁应根据土质情况做成沿口护圈。混凝土强度需达到规定的强度和养护的时间，方可开始下道工序。

鲜花不精心培育就会枯萎　生产不注意安全迟早遭殃

下班时别忘将桩孔用盖板盖牢。

二、施工现场注意事项

打夯机应如何使用？

1）两人配合，一人打夯、一人整理电源线，防止打夯机缠绕或击打电源线。电源线应保持良好的绝缘，防止破皮漏电，打夯机把柄应是绝缘的。

2）打夯机应设专用电箱，严禁使用倒顺开关。

3）多台打夯机同时作业时，打夯机之间应保持 5 米以上横向、10 米以上纵向的安全距离。

遵章是安全的先导　违章是事故的先兆

(二)主体结构施工主要存在哪些危险

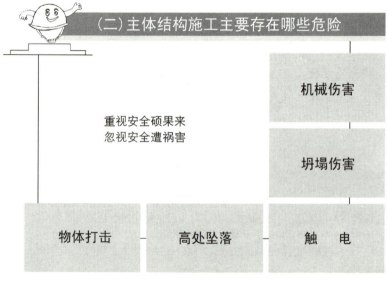

重视安全硕果来
忽视安全遭祸害

机械伤害

坍塌伤害

物体打击　　高处坠落　　触　电

二、施工现场注意事项

(1) 钢筋作业主要有哪些危险?

1) 钢筋加工、吊运过程中发生的机械伤害、物体打击事故。

2) 结构边缘、高大外墙、柱、梁绑扎钢筋发生的高处坠落事故。

3) 临时用电线路混乱发生的触电伤害。

小心无大碍　粗心铸大错

用卷扬机冷拉钢筋时,操作人员必须位于安全地带,应设专人值守,严禁跨越钢筋和钢丝绳;冷拉速度不能过快,在基本拉直时应稍停。

二、施工现场注意事项

使用钢筋切断机之前必须检查切断机刀口,确定安装正确,刀片无裂纹,刀架螺栓紧固,防护罩牢靠,空运转正常后再进行操作。发现机械运转异常、刀片歪斜等,应立即停机检修,防止发生机械伤害事故。

疏忽一时　痛苦一世

机械运行中不得用手清除金属屑，清理工作必须在机械停稳后进行。

二、施工现场注意事项

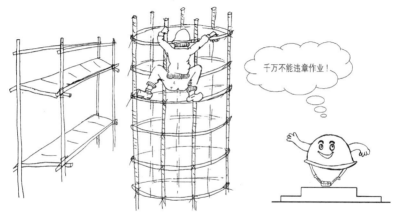

在 2 米以上的高处绑扎外墙、圈梁、挑梁、挑檐和边柱等部位钢筋时,千万不要站在钢筋骨架上作业或攀登骨架上下,必须搭设操作平台,还要系好安全带。

规程是生命之本　违章是安全祸根

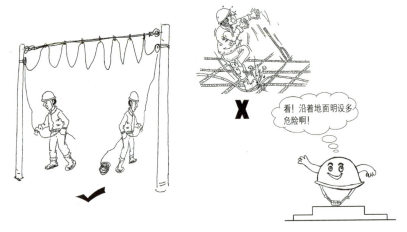

电缆线路应采用埋地或架空敷设,严禁沿地面明设,并应避免机械损伤和介质腐蚀。埋地电缆路径应有方位标志。

二、施工现场注意事项

(2) 模板施工主要存在哪些危险?

1) 大模板吊运、就位过程中产生的碰撞伤害。

2) 模板堆放过高、存放不稳,安装固定不牢导致的倒塌伤人。

3) 在高处支模施工过程中发生的坍塌和人员坠落事故。

抽一块砖倒一堵墙　松一颗螺栓断一根梁

大模板堆放应放在堆放区内，采取面对面方式存放，也可采取临时拉结措施，以防模板倾倒；无支撑架的模板要放入专用的插放架里，防止发生碰撞或被大风刮倒。

二、施工现场注意事项

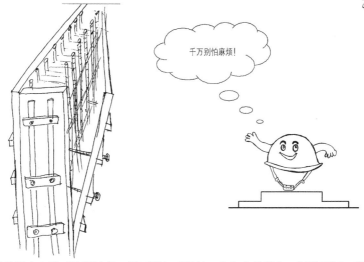

　　墙模板在未装对拉螺栓前，板面要向后倾斜一定角度并撑牢，以防倾倒。模板未支撑稳固前不得松开卡环。

小患不防　大患难挡

建筑业农民工入场安全知识必读

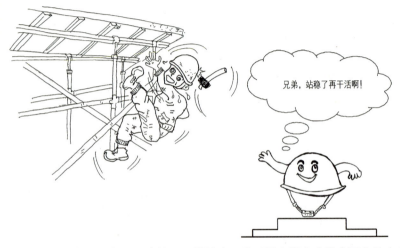

支模时一定要注意个人防护，不要站在不稳固的支撑上或没有固定的木方上施工。

二、施工现场注意事项

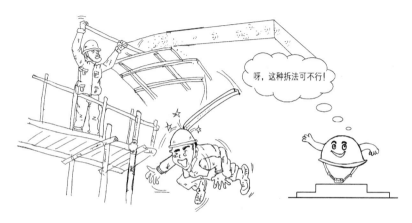

拆除模板时不要采用猛撬、硬砸或大面积撬落和拉倒的方法,防止伤人和损坏物料;不能留有悬空模板,防止突然落下伤人。拆模现场要有专人负责监护,禁止无关人员进入拆模现场。

事故与损失是孪生兄弟

拆模起吊前,应复查穿墙螺栓是否拆净,检查模板上构配件是否连接牢固。在确定无遗漏且模板与墙体完全脱离后方可起吊。

二、施工现场注意事项

(3) 混凝土作业主要存在哪些危险?
1) 混凝土泵管固定不牢固、泵送混凝土时泵管破裂发生的机械伤害。
2) 混凝土使用振捣棒发生的触电事故。

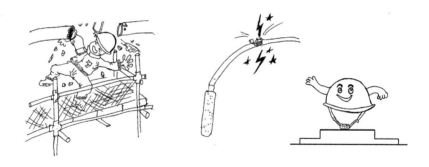

绊人的桩不在高　违章的事不在小

混凝土振捣时，操作人员必须戴绝缘手套，穿绝缘鞋，防止触电；振捣器接线必须正确，电机绝缘必须合格，并有可靠的接零保护，配电箱必须装设合格的漏电保护开关。

二、施工现场注意事项

浇筑建筑的边柱、外墙、挑檐、圈梁混凝土时,应有可靠的立足点,并在临边设置防护栏杆及挂设密目安全网。

事故防在先　处处保平安

(4) 脚手架作业主要存在哪些危险?

1) 脚手架搭设和拆除过程中作业人员疏忽大意导致的高处坠落。

2) 脚手架作业人员行为不规范导致的架体坍塌。

3) 架子上堆放零散物料坠落导致的物体打击事故。

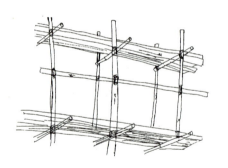

二、施工现场注意事项

1) 搭设脚手架必须由持有《特种作业人员操作证》的专业架子工搭设。

2) 脚手架应搭设牢固,作业面脚手板要满铺、绑牢,不得有探头板、飞跳板,临边应搭设防护栏杆和支挂密目安全网。

只有在防范中成果才有保障

在脚手架上作业时严禁上下投接物料,以免发生高处坠落和物体打击事故。

二、施工现场注意事项

脚手架上不能集中堆放物料。所用的材料、工具均应放置平稳固定，不得妨碍通行和作业。

与其事后痛哭流涕　不如事前遵章守纪

作业人员应走专用通道，禁止攀爬脚手架杆件。

二、施工现场注意事项

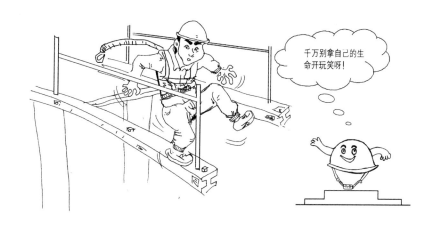

在钢梁上行走时,必须系好安全带。

简化作业省一时　贪小失大苦一世

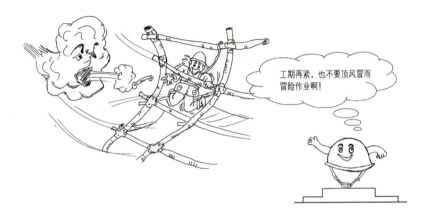

　　六级（含六级）以上强风和大雨、大雪、大雾天气必须停止露天高处作业。在雨、雪后和冬期，露天作业时必须先清除水、雪、霜、冰，并采取防滑措施。

(5) 机械设备使用时主要存在哪些危险?

1) 物料吊运过程中发生的机械伤害、物体打击事故。
2) 机械设备检修中发生的机械伤害、触电事故。

物料提升机各种安全限位保险装置必须齐全有效,并挂醒目的限重标志,卷扬机钢丝绳必须设防断绳装置。严禁人员乘料盘上下。

二、施工现场注意事项

起重机械作业人员严格执行"十不吊"的原则
1) 指挥信号不明不准吊。
2) 斜拉斜挂不准吊。
3) 吊物重量不明或超负荷不准吊。
4) 散物捆扎不牢或物料装放过满不准吊。
5) 吊物上有人不准吊。
6) 埋在地下物不准吊。
7) 安全装置失灵或带病不准吊。
8) 现场光线阴暗看不清吊物起落点不准吊。
9) 棱刃物与钢丝绳直接接触无保护措施不准吊。
10) 六级以上强风不准吊。

牢记"十不吊"防止事故发生!

生命至高无尚　安全责任为天

吊物重量不明或超负荷不准吊。

二、施工现场注意事项

散物捆扎不牢或物料装放过满不准吊。

不懂莫逞能　事故不上门

机械运转中发现不正常时,应先停机,切断电源后检修,以防发生触电和机械伤害事故。

二、施工现场注意事项

(三)装修作业主要存在哪些危险

不想要安全的员工不是一个好员工

| 触　　电 | 火灾事故 | 物体打击 |

机电设备都必须实行"一机一闸一漏一箱"制,都应有专用的开关箱,并且开关箱与机械设备的距离不得大于3米。

二、施工现场注意事项

1) 使用的手持照明灯(行灯)的电压应采用不大于 36 伏的安全电压。
2) 潮湿和易触及带电体的场所照明,应采用小于 24 伏的安全电压。
3) 特别潮湿场所、导电性能良好地面、金属容器内照明应采用不大于 12 伏的电压。

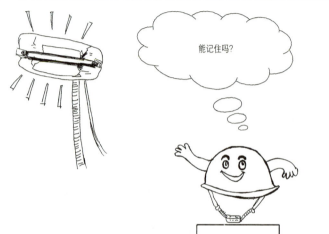

碘钨灯电源应使用三芯橡套电缆；露天使用时必须有防雨措施，移动支架手柄处要有绝缘措施，外壳应接保护零线。

二、施工现场注意事项

电气焊作业前必须办理动火手续，配灭火器，清理周围易燃物品，专人看火。

有防则安　无防则危

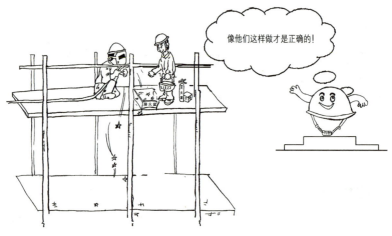

高处焊接作业时,一定要先清理下方可燃物,设接火盆,焊机双线应到位,配备合格有效的消防器材,设专人看火。

二、施工现场注意事项

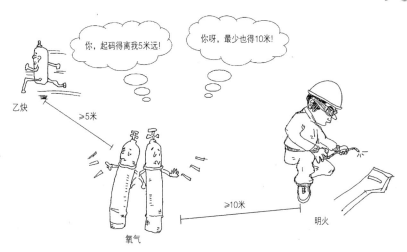

氧气瓶与乙炔瓶距离不少于 5 米，与明火作业（焊点）距离不少于 10 米。

一个再小的事故　也有它的苗头

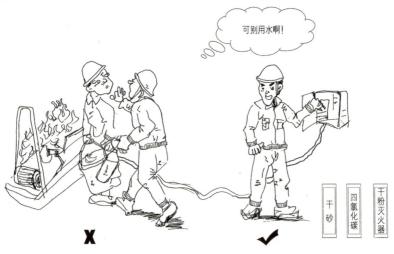

电气着火时应立即将电源切断，使用干砂、四氯化碳或干粉灭火器，严禁用水。

二、施工现场注意事项

砌筑作业时,砍砖应面向墙面,工作完毕后应将脚手板和砖墙上的碎砖、灰浆清理干净,防止掉落伤人。

寒霜偏打无根草　事故专找懒惰人

作业时不得向下抛掷材料、工具、杂物等。

二、施工现场注意事项

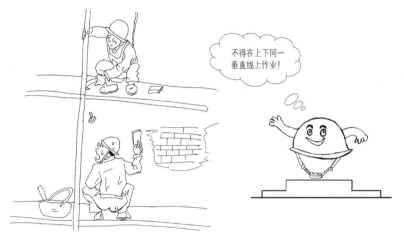

作业人员在进行上下立体交叉作业时,下层作业位置必须处于上层作业物体可能坠落范围之外;当不能满足时,上下层之间应设隔离防护层。

快刀不磨会生锈　安全不抓出纰漏

在阳台栏板或临边区域作业时,一定要先做好安全防护。

二、施工现场注意事项

洞口施工后应及时做好防护,防止坠人落物。

事故隐患不除尽　等于放虎归山林

1) 人字梯应设防滑皮垫和保险链。
2) 使用前应经常检查,发现开裂、腐朽、松动、缺档等问题时不要使用。

二、施工现场注意事项

吊篮使用前应严格检查,确认安全后方可上篮作业。作业时,吊篮内不得超过2人。

绳子总在磨损的地方折断　事故常在薄弱的环节出现

(四)材料码放区主要存在哪些危险

眼睛容不下一粒沙土
安全来不得半点马虎

- 物料坍塌
- 火灾事故

二、施工现场注意事项

非作业人员严禁进入材料堆放区域内休息、打闹。

时时注意安全　处处预防事故

材料区钢筋、砌块、小钢模等建筑材料应码放稳固、规范,高度不得超过1.5米。

二、施工现场注意事项

存放水泥等袋装材料或砂石料等散装材料严禁靠墙码垛、存放。

落实安全规章制度　强化安全防范措施

易燃易爆物品应单独存放在专用库房内,不得与其他材料混放,库房应通风。

二、施工现场注意事项

(五)生活区主要存在哪些危险

安全需要每个人瞪大眼睛

| 高温中暑 |
| 煤气中毒 |

| 火灾事故 | 触　电 | 食物中毒 |

宿舍内不要卧床吸烟，以免引起火灾。

二、施工现场注意事项

宿舍内不得私自乱拉、乱接电源线。

时时注意安全　处处预防事故

要注意饮食卫生,不吃变质发霉的食物,不喝生水,不吃未煮熟的扁豆、发芽的土豆。

二、施工现场注意事项

采用煤取暖时,要做好预防煤气中毒措施。

1) 迅速将中暑者移到凉爽通风的地方。
2) 解松衣服,使患者平卧休息。
3) 给患者喝含食盐的饮料或凉开水,用凉水或酒精擦身。
4) 发生痉挛、持续高烧及昏迷者应立即送往医院。

三、相关法律法规摘录

(一) 中华人民共和国安全生产法(摘录)

第三条 安全生产管理,坚持安全第一、预防为主的方针。

第六条 生产经营单位的从业人员有依法获得安全生产保障的权利,并应当依法履行安全生产方面的义务。

第七条 工会依法组织职工参加本单位安全生产工作的民主管理和民主监督,维护职工在安全生产方面的合法权益。

第二十一条 生产经营单位应当对从业人员进行安全生产教育和培训,保证从业人员具备必要的安全生产知识,熟悉有关的安全生产规章制度和安全操作规程,掌握本岗位的安全操作技能。未经安全生产教育和培训合格的从业人员,不得上岗作业。

第三十三条 生产经营单位对重大危险源应当登记建档,进行定期检测、评估、监控,并制定应急预案,告知从业人员和相关人员在紧急情况下应当采取的应急措施。

第三十四条 生产、经营、储存、使用危险物品的车间、商店、仓库不得与员工宿舍在同一座建筑物内,并应当与员工宿舍保持安全距离。

第三十六条 生产经营单位应当教育和督促从业人员严格执行本单位的安全生产规章制度和安全操作规程;并向从业人员如实告知作业场所和工作岗位存在的危险因素、防范措施以及事故应急措施。

第三十七条 生产经营单位必须为从业人员提供符合国家标准或者行业标准的劳动防护用品,并监督、教育从业人员按照使用规则佩戴、使用。

第四十三条 生产经营单位必须依法参加工伤社会保险,为从业人员缴纳保险费。

第四十四条 生产经营单位与从业人员订立的劳动合同,应当载明有关保障从业人员劳动安全、防止职业危害的事项,以及依法为从业人员办理工伤社会保险的事项。

生产经营单位不得以任何形式与从业人员订立协议,免除或者减轻其对从业人员因生产安全事故伤亡依法应承担的责任。

第四十五条 生产经营单位的从业人员有权了解其作业场所和工作岗位存在的危险因素、防范措施及事故应急措施,有权对本单位的安全生产工作提出建议。

第四十六条 从业人员有权对本单位安全生产工作中存在的问题提出批评、检举、控告;有权拒绝违章指挥和强令冒险作业。

生产经营单位不得因从业人员对本单位安全生产工作提出批评、检举、控告或者拒绝违章指挥、强令冒险作业而降低其工资、福利等待遇或者解除与其订立的劳动合同。

第四十七条 从业人员发现直接危及人身安全的紧急情况时,有权停止作业或者在采取可能的应急措施后撤离作业场所。

第四十八条 因生产安全事故受到损害的从业人员,除依法享有工伤社会保险外,依照有关民事法律尚有获得赔偿的权利的,有权向本单位

三、相关法律法规摘录

提出赔偿要求。

第四十九条 从业人员在作业过程中,应当严格遵守本单位的安全生产规章制度和操作规程,服从管理,正确佩戴和使用劳动防护用品。

第五十条 从业人员应当接受安全生产教育和培训,掌握本职工作所需的安全生产知识,提高安全生产技能,增强事故预防和应急处理能力。

第五十一条 从业人员发现事故隐患或者其他不安全因素,应当立即向现场安全生产管理人员或者本单位负责人报告;接到报告的人员应当及时予以处理。

第六十四条 任何单位或者个人对事故隐患或者安全生产违法行为,均有权向负有安全生产监督管理职责的部门报告或者举报。

第七十条 生产经营单位发生生产安全事故后,事故现场有关人员应当立即报告本单位负责人。

(二) 中华人民共和国劳动法(摘录)

第三条　劳动者享有平等就业和选择职业的权利、取得劳动报酬的权利、休息休假的权利、获得劳动安全卫生保护的权利、接受职业技能培训的权利、享受社会保险和福利的权利、提请劳动争议处理的权利以及法律规定的其他劳动权利。

劳动者应当完成劳动任务，提高职业技能，执行劳动安全卫生规程，遵守劳动纪律和职业道德。

第七条　劳动者有权依法参加和组织工会。

工会代表和维护劳动者的合法权益，依法独立自主地开展活动。

第八条　劳动者依照法律规定，通过职工大会、职工代表大会或者其他形式，参与民主管理或者就保护劳动者合法权益与用人单位进行平等协商。

第十五条　禁止用人单位招用未满十六周岁的未成年人。

第十七条　订立和变更劳动合同，应当遵循平等自愿、协商一致的原则，不得违反法律、行政法规的规定。

三、相关法律法规摘录

第十九条 劳动合同应当以书面形式订立,并具备以下条款:
(一)劳动合同期限;
(二)工作内容;
(三)劳动保护和劳动条件;
(四)劳动报酬;
(五)劳动纪律;
(六)劳动合同终止的条件;
(七)违反劳动合同的责任。
劳动合同除前款规定的必备条款外,当事人可以协商约定其他内容。

第二十一条 劳动合同可以约定试用期。试用期最长不得超过六个月。

第二十九条 劳动者有下列情形之一的,用人单位不得解除劳动合同:
(一)患职业病或者因工负伤并被确认丧失或者部分丧失劳动能力的;
(二)患病或者负伤,在规定的医疗期内的;

（三）女职工在孕期、产期、哺乳期内的；

（四）法律、行政法规规定的其他情形。

第三十二条　有下列情形之一的，劳动者可以随时通知用人单位解除劳动合同：

（一）在试用期内的；

（二）用人单位以暴力、威胁或者非法限制人身自由的手段强迫劳动的；

（三）用人单位未按照劳动合同约定支付劳动报酬或者提供劳动条件的。

第三十六条　国家实行劳动者每日工作时间不超过八小时、平均每周工作时间不超过四十四小时的工时制度。

第五十条　工资应当以货币形式按月支付给劳动者本人。不得克扣或者无故拖欠劳动者的工资。

第五十三条　劳动安全卫生设施必须符合国家规定的标准。

第五十四条　用人单位必须为劳动者提供符合国家规定的劳动安全卫

三、相关法律法规摘录

生条件和必要的劳动防护用品，对从事有职业危害作业的劳动者应当定期进行健康检查。

第五十五条 从事特种作业的劳动者必须经过专门培训并取得特种作业资格。

第五十六条 劳动者在劳动过程中必须严格遵守安全操作规程。

劳动者对用人单位管理人员违章指挥、强令冒险作业，有权拒绝执行；对危害生命安全和身体健康的行为，有权提出批评、检举和控告。

第六十五条 用人单位应当对未成年工定期进行健康检查。

第七十三条 劳动者在下列情形下，依法享受社会保险待遇：

（一）退休；

（二）患病、负伤；

（三）因工伤残或者患职业病；

（四）失业；

(五) 生育。

劳动者死亡后，其遗属依法享受遗属津贴。

劳动者享受社会保险待遇的条件和标准由法律、法规规定。

劳动者享受的社会保险金必须按时足额支付。

第七十九条 劳动争议发生后，当事人可以向本单位劳动争议调解委员会申请调解；调解不成，当事人一方要求仲裁的，可以向劳动争议仲裁委员会申请仲裁。当事人一方也可以直接向劳动争议仲裁委员会申请仲裁。对仲裁裁决不服的，可以向人民法院提起诉讼。

(三) 中华人民共和国建筑法(摘录)

第三十六条 建筑工程安全生产管理必须坚持安全第一、预防为主的方针，建立健全安全生产的责任制度和群防群治制度。

第四十六条 建筑施工企业应当建立健全劳动安全生产教育培训制度，加强对职工安全生产的教育培训；未经安全生产教育培训的人员，不得上岗作业。

第四十七条　建筑施工企业和作业人员在施工过程中,应当遵守有关安全生产的法律、法规和建筑行业安全规章、规程,不得违章指挥或者违章作业。作业人员有权对影响人身健康的作业程序和作业条件提出改进意见,有权获得安全生产所需的防护用品。作业人员对危及生命安全和人身健康的行为有权提出批评、检举和控告。

(四) 建设工程安全生产管理条例(摘录)

第二十五条　垂直运输机械作业人员、安装拆卸工、爆破作业人员、起重信号工、登高架设作业人员等特种作业人员,必须按照国家有关规定经过专门的安全作业培训,并取得特种作业操作资格证书后,方可上岗作业。

第二十八条　施工单位应当在施工现场入口处、施工起重机械、临时用电设施、脚手架、出入通道口、楼梯口、电梯井口、孔洞口、桥梁口、隧道口、基坑边沿、爆破物及有害危险气体和液体存放处等危险部位,设置明显的安全警示标志。

第二十九条　施工单位应当将施工现场的办公、生活区与作业区分开设置,并保持安全距离;办公、生活区的选址应当符合安全性要求。职工的膳食、饮水、休息场所等应当符合卫生标准。施工单位不得在尚未竣工的建筑物内设置员工集体宿舍。

第三十二条　施工单位应当向作业人员提供安全防护用具和安全防护服装,并书面告知危险岗位的操作规程和违章操作的危害。

作业人员有权对施工现场的作业条件、作业程序和作业方式中存在的安全问题提出批评、检举和控告,有权拒绝违章指挥和强令冒险作业。

在施工中发生危及人身安全的紧急情况时,作业人员有权立即停止作业或者在采取必要的应急措施后撤离危险区域。

第三十六条　施工单位应当对管理人员和作业人员每年至少进行一次安全生产教育培训,其教育培训情况记入个人工作档案。安全生产教育培训考核不合格的人员,不得上岗。

第三十七条 作业人员进入新的岗位或者新的施工现场前,应当接受安全生产教育培训。未经教育培训或者教育培训考核不合格的人员,不得上岗作业。

第三十八条 施工单位应当为施工现场从事危险作业的人员办理意外伤害保险。

(五) 工伤保险条例(摘录)

第一条 为了保障因工作遭受事故伤害或者患职业病的职工得到医疗救治和经济补偿,促进工伤预防和职业康复,分散用人单位的工伤风险,制定本条例。

第二条 中华人民共和国境内的各类企业的职工和个体工商户的雇工,均有依照本条例的规定享受工伤保险待遇的权利。

第十四条 职工有下列情形之一的,应当认定为工伤:

（一）在工作时间和工作场所内，因工作原因受到事故伤害的；

（二）工作时间前后在工作场所内，从事与工作有关的预备性或者收尾性工作受到事故伤害的；

（三）在工作时间和工作场所内，因履行工作职责受到暴力等意外伤害的；

（四）患职业病的；

（五）因工外出期间，由于工作原因受到伤害或者发生事故下落不明的；

（六）在上下班途中，受到机动车事故伤害的；

（七）法律、行政法规规定应当认定为工伤的其他情形。

第十五条 职工有下列情形之一的，视同工伤：

（一）在工作时间和工作岗位，突发疾病死亡或者在48小时之内经抢救无效死亡的；

（二）在抢险救灾等维护国家利益、公共利益活动中受到伤害的；

（三）职工原在军队服役，因战、因公负伤致残，已取得革命伤残军人证，到用人单位后旧伤复发的。

职工有前款第(一)项、第(二)项情形的，按照本条例的有关规定享受工伤保险待遇；职工有前款第(三)项情形的，按照本条例的有关规定享受除一次性伤残补助金以外的工伤保险待遇。

第十六条 职工有下列情形之一的，不得认定为工伤或者视同工伤：

(一) 因犯罪或者违反治安管理伤亡的；

(二) 醉酒导致伤亡的；

(三) 自残或者自杀的。

第十七条 职工发生事故伤害或者按照职业病防治法规定被诊断、鉴定为职业病，所在单位应当自事故伤害发生之日或者被诊断、鉴定为职业病之日起30日内，向统筹地区劳动保障行政部门提出工伤认定申请。遇有特殊情况，经报劳动保障行政部门同意，申请时限可以适当延长。

用人单位未按前款规定提出工伤认定申请的，工伤职工或者其直系亲属、工会组织在事故伤害发生之日或者被诊断、鉴定为职业病之日起1年内,可以直接向用人单位所在地统筹地区劳动保障行政部门提出工伤认定申请。

第十九条 劳动保障行政部门受理工伤认定申请后,根据审核需要可以对事故伤害进行调查核实,用人单位、职工、工会组织、医疗机构以及有关部门应当予以协助。职业病诊断和诊断争议的鉴定,依照职业病防治法的有关规定执行。对依法取得职业病诊断证明书或者职业病诊断鉴定书的,劳动保障行政部门不再进行调查核实。

职工或者其直系亲属认为是工伤,用人单位不认为是工伤的,由用人单位承担举证责任。

第二十条 劳动保障行政部门应当自受理工伤认定申请之日起60日内作出工伤认定的决定,并书面通知申请工伤认定的职工或者其直系亲属和该职工所在单位。

劳动保障行政部门工作人员与工伤认定申请人有利害关系的,应当回避。

四、常见的安全警示标志牌、应急电话

(一) 常见的警示标志牌

1. 禁止标志{注：红色表示禁止}

●禁止吸烟　　●禁止烟火　　●禁止合闸　　●禁止转动　　●禁止攀登　　●禁止通行

●禁止入内　　●禁止停留　　●禁止乘人　　●禁止跨越　　●禁止抛物　　●禁止戴手套

2. 警告标志{注：黄色表示警告、注意}

●注意安全　●当心火灾　●当心机械伤人　●当心伤手　●当心坠落　●当心落物　●当心滑跌

●当心触电　●当心电缆　●当心扎脚　●当心吊物　●当心坑洞　●当心塌方　●当心绊倒

3. 指令标志{注：蓝色表示指令或必须遵守的规定}

●必须戴防护眼镜　　●必须戴防毒面具　　●必须戴安全帽　　●必须系安全带

●必须戴防尘口罩　　●必须戴护耳器　　●必须戴防护手套　　●必须穿防护鞋

4. 指示标志{注：绿色表示指示}

●紧急出口　　　　　●可动火区

（二）必须记住的应急电话

火警电话：119　医疗急救电话：120　匪警电话：110